目录

流行音乐

第一部分 故事篇 / 2

第二部分 游戏篇 / 18

第三部分 五花八门 / 30

我是乔治，我出现在书中的各处，准备和你一起阅读。

■ 长故事 ■

沙拉格斯乐队

戈薇诺拉·卡里埃致敬沙格斯乐队

我们出生于20世纪50年代，住在一个可爱的美国小镇。
爸爸奥雷勒是个倔强的梦想家，妈妈安洁勒很温柔。
家里还有很多动物。我们快乐地生活在一起！

一个阳光明媚的晴天，爸爸在下午茶的时候自豪地宣布……
姑娘们，你们觉得……
组一个三人流行乐队怎么样？

太好啦！
爸爸给邦妮买了一把吉他！
给朵尔也买了一把吉他，给我买了一套架子鼓。
爸爸把地下室改造成了排练室。
砰砰
三姐妹的乐队生涯就这样开始了……
乒乓啪
大家高兴坏了！

我们从来没有在家里演奏过音乐！
不，不，不！
我们就是自己的灵感源泉。
我们的歌曲旋律是这样的……
碰撞的 那一刻……
万圣节到了！
万圣节到了！

我的天空中再也
没有云彩。
我的朋友二脚猫。
那些最不
寻常的花朵。
校车
你难道不知道
学校放假了？

五年以后

一天早晨，爸爸激动地把我们叫到一起。
我的女儿们长大了，是时候录唱片啦！
我们在录音室里专心排练。
阳光录音室
终于录好了我们的唱片！
沙拉格斯乐队

就这样，我们开始到各地举办演唱会。我们参加音乐节、舞会，甚至还去家附近的养老院表演。
我们拥有很多很多的观众！
但即使是这样，成功依然没有如期而至……

后来
一天早晨，爸爸再也没有醒过来，他永远地离开了我们。
于是，我们决定停下一切。
之后，我们都各自结婚了，还有了很多的孩子，就像所有童话故事里的情节一样！
20年后
喜欢我们的年轻音乐家偶然找到了我们的唱片。
他很喜欢这张唱片，想要出版它！
沙拉格斯乐队
你猜怎么着？我们的成功终于来了！

所以呢，
以下就是我们在结束我们的故事前
想要跟你
说的话。
她们比披头士乐队强！
沙拉格斯乐队太酷了！
就算你不是学霸。
就算有人觉得你有点疯疯傻傻。
就算你有时候欠点运气。
也永远不要忘记追求梦想，
你将学会“飞翔”。
摇滚字典
纽约客
滚石杂志

与二脚猫的访谈

文本与绘图：戈薇诺拉·卡里埃

也许你已经注意到它了，那只独一无二的二脚猫，它的身影在沙拉格斯乐队的故事里出现了很多次。以下就是乔治和二脚猫的独家访谈！

99 **首先，谢谢您接受这次访谈。在读这个故事之前，我从来没见过您这样的动物。能跟我说说您是哪种动物吗？您是想象出来的动物吗？**

二脚猫 是的，我就是想象出来的动物。我是沙拉格斯乐队三姐妹里的朵尔想象出来的动物。我代表了朵尔对她的猫的纪念，她的猫在某天消失不见了。她在歌里讲述了寻找这只猫的故事，她选择了一个快乐的结局，最终找回了那只猫。但实际上，她找到的是我！我觉得，我之所以只有两只脚，是因为我跑得没有她那只真猫快！

99 **您虽然多次出现在这个故事里，但您究竟扮演了一个怎样的角色呢？**

二脚猫 其实我并没有出现在每一页，而只是出现在了第3页、第5页和第7页。实际上，我非常希望能够扮演一个重要的角色，但是其他的虚构角色带来了不少麻烦。他们都嫉妒我的戏份，这让我很烦恼。有一天，终于发生了一场争吵。这本来应该只是一场游戏，但还是造成了不少的损失，于是制作方决定停止出资，一下子把我们全都给解雇了！在音乐会的情节中，我不知道您是怎么认为的，但我觉得有人想要模仿我，我觉得那简直就是胡闹。

99 **您是因为喜欢音乐才想在这个故事中扮演角色吗？**

二脚猫 是的！我特别喜欢音乐。我其实并不擅长音乐，我是个破锣嗓子，但我很喜欢跳舞。另外，拍摄过程中我最喜欢的一刻，就是女孩们不断排练首次亮相的场景。大家笑成一团！这场戏我们拍了六七次才拍好，因为我们很难保持住姿势！

99 **您接下来有什么打算？**

二脚猫 您知道吗？我完全没有自己的时间，自从朵尔在几年前开始创作单曲之后，我就成了她的灵感来源。我还是她的第一个乐评人和头号粉丝。总之，这是一份全职工作！但作为想象出来的动物的好处就是，我永远年轻，所以呢，我是不会累的。但是，在晚上讲故事哄朵尔睡觉时我经常会睡着。

大家笑成一团!

邦比和高里流行音乐节

文本与绘图：玛丽·诺维昂

你看到
居居了吗？

在太空起舞的人

文本：樊尚·雅多 绘图：塞维里·米耶

几十年前，流行音乐之王迈克尔·杰克逊凭借著名的“太空步”成为传奇。乔治查找了有关这种舞步的资料。

1983年，杰克逊五人组参加了庆祝摩城唱片成立25周年的音乐会。那天晚上，迈克尔演唱了《比莉·珍》（*Billie Jean*）。在令人眼花缭乱的舞蹈快要结束的时候，他跳起一种令人难以置信的舞步：挪步向后退，但看起来就像在向前走，他仿佛浮离了地面几毫米。观众非常喜欢这个舞蹈。

之后，这场音乐会在美国的电视上播出。那个只持续了不到4秒钟的舞步画面在数百万观众中引发了轰动。第二天，大人小孩们纷纷开始尝试跳这种舞步。

这种舞步可不是普通人可以做到的。但如果只穿袜子，并在非常光滑的地板或瓷砖上跳，我们还是可以做做样子的。就连那些从没跳过舞的人也轻声叫喊起来，迈出了自己的第一步“太空步”！

迈克尔将这种舞步命名为“太空步”。他并没有发明这种舞步，他只是把它变成了传奇，几乎和人类在月球上踏出的第一步一样轰动。

没人知道究竟是谁想出了这种在爵士乐出现时（19世纪末），一些黑人舞者就已开始采用的倒行舞步。凯比·卡洛威在他那些令人目瞪口呆的表演中已经娴熟地表演了“太空步”。而弗雷德·阿斯泰尔，伟大的舞蹈家和音乐喜剧电影明星，则以他标志性的优雅方式跳出这种舞步。还有法国著名的哑剧演员马塞尔·马索，他不仅跳这种舞步，还教别人跳，并称之为“逆风而行”。迈克尔很欣赏马塞尔，还曾邀请他和自己一起登台表演。

迈克尔在自传中说这种滑步是黑人孩子在贫民窟的人行道上发明的：“三个孩子教给了我基本的舞步，然后我开始自己练习，而且练成了！”就这样，“太空步”成了流行音乐之王（人们送给迈克尔的称号）的标志。

你可知道鸟界也有“太空步”舞者吗？它就是有着黄色爪子的红顶侏儒鸟。为了在美丽的雌鸟面前展现自己的魅力，雄鸟迈出华丽的步伐，完全可以和鼎盛时期的迈克尔媲美。

■ **游戏1** ■

晚上好，图卢兹！

绘图：斯特凡妮 · 拉纳

今晚，佩丘克乐队第一次登上舞台。

请你给乐队成员画上演出服吧！丘克喜欢星星，佩图拉喜欢条纹。

游戏2

叮！手工时间到了！

设计者：让-大卫·曼斯鲁

小朋友们，

一起来动手玩一玩吧！

一起来制作点唱机纸模吧!

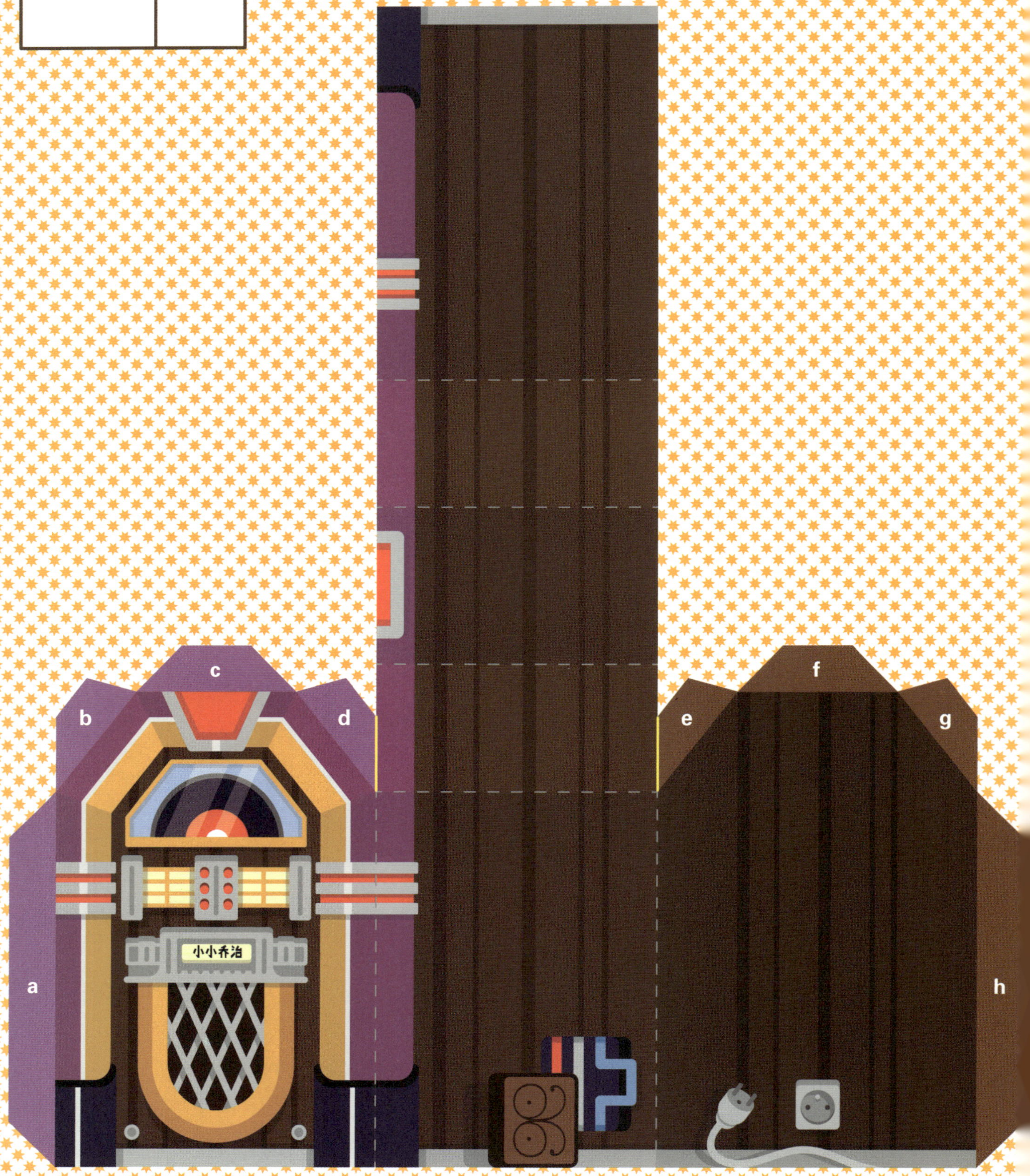

在开始剪裁和粘贴之前，乔治查询了一下关于点唱机的资料。

1889年，丹麦人路易斯·格拉斯发明了靠投币启动的留声机。20世纪30年代，在美国这种机器被叫作“点唱机”。

这台有趣的机器可以自动播放音乐。

1940年至1970年间，我们可以在酒吧或咖啡馆等公共场所看到点唱机。想要使用点唱机，得往机器里投硬币或代币。然后，使用者就可以选择他想听的音乐了。为此，使用者要按下按键，以播放选择的曲目所在的黑胶唱片。

20世纪80年代，激光唱片诞生，黑胶唱片退居次位。这对点唱机来说可不是好事。

但这种机器并没有被淘汰，因为在今天它已经成为名副其实的收藏品，备受爱好者们的追捧！

现在，请你拿出剪刀和胶水，开始制作点唱机吧！

所需材料：

一把剪刀、胶水。

A. 剪下点唱机。

B. 沿黄色实线剪开粘贴片d和e的一侧。

C. 沿虚线折叠点唱机纸模的不同部分。

D. 然后折叠所有的粘贴片（a到h）。

E. 把粘贴片e和d分别粘好。

F. 接着，把粘贴片f和c分别粘好，然后再粘好粘贴片g和b，最后粘好粘贴片h和a。

G. 现在，点唱机纸模就做好了。

请就座！

绘图：玛丽娜·贝尔克比尔

1. 

2. 

3. 

乔治维尔街道的墙上贴满了“哦，流行‘流行’音乐节”的海报。

A. 这三张小海报每张都和前一页的大海报有一个不同之处。你找到这些不同之处了吗？

B. 乔治的几个朋友看到了这张海报，并把海报的内容告诉了他……圈出没有说错的人的名字。

巴纳贝： “哦，流行‘流行’音乐节”今年邀请了4支乐队，其中就有“沃霍尔波普”。

佐薇： 海报上说，“爆米花女孩”会来音乐节，但“魔力吉娃娃”不会来。

扎迪格： 在所有参加演出的乐队中，我最喜欢的是“砰砰乐队”。

旺达： “巴洛克与节奏”也要来呢！

尤内丝： 这张海报上有7种不同的颜色，包括黑色和白色。

勒内： 海报上有5把吉他，但没有小号。

玛丽露： “流行”这个词在海报上出现了2次。

■ 游戏4 ■

流行热潮

绘图：戈薇

乔治真希望能够来一次时间旅行，这样就可以像他的姨妈崔姬那样去见识一下“伦敦潮流”了。姨妈跟乔治解释说，在那个时候（20世纪60年代），伦敦的一切都跟流行有关：流行音乐、流行绘画、流行服装！

A. **a.** 崔姬要走哪条路才能跟她的朋友——迷你裙的发明人玛丽碰面？

b. 走哪条路可以到电话亭里打电话？

c. 走哪条路可以去听乐队演唱？

B. 指出下列每种物品在画面中的数量。

______把雨伞，______把吉他，______把手枪，______件圆点图案的衣服，______只动物，______副太阳镜，______顶皇冠，______个有胡子的人。

游戏5

1，2……1，2，3，4！

绘图：雅斯妮

乔治从一本杂志上剪下了几幅图画，这些图画讲述了方块乐队的故事。

按照时间顺序重新排列图画。

A. 签了这个！然后我们开始录制你们的第一张唱片。

B. 大家晚上好！

C. 看呀，看呀，这支乐队唱得可真不错。

D. 伙计们，我们得找个主唱。

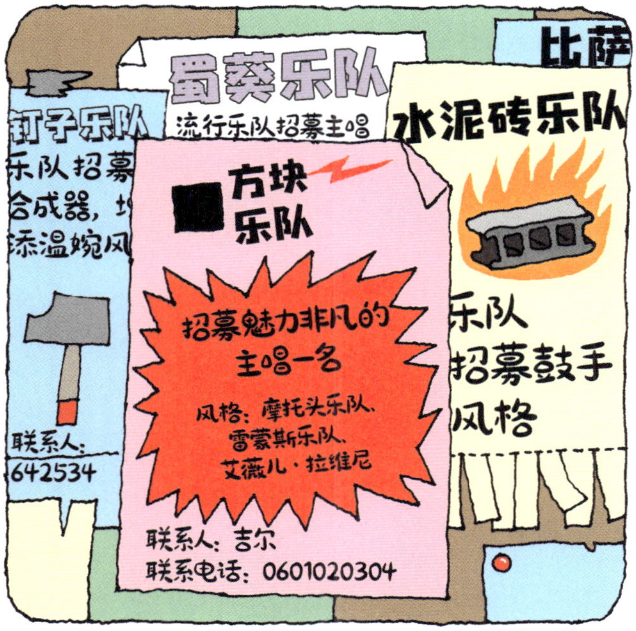

E.等待电话铃声响起。

F.看你们的啦，开始录音！

G.快来听听这支超棒的新乐队的唱片。他们下个月要在贝尔西开演唱会。

H.有了主唱，音乐听起来就好多了。

■ **游戏6** ■

1975年和2015年

绘图：尼古拉·皮奈

乔治找到了吹小号的邻居罗杰的两张照片。第一张照片是1975年罗杰和他的朋友们一起拍的。

A. 想知道罗杰和朋友们扮演的角色或演奏的乐器吗？画掉拼音中所有的d、s、f，然后猜一猜吧。**罗克萨娜是** zshu cdhanfg，**罗姆瓦尔弹** yodu kdef sli li，**罗贝尔弹** jdi ftfa，**罗米演奏** hes chsendg qif。

B. 乔治在这幅画中发现了3个在1975年还不存在的元素，请你把这些元素圈出来。

乔治提示，本套书的原版杂志创刊于2010年。

第二张照片是在2015年拍的，当时罗杰和朋友们正在举办烧烤聚会。

C. 这两张照片之间隔了好些年，请你帮助乔治辨认出第二张照片中的人都是谁。

D. 这一次，画面中的一切看起来都很美好，但乔治还是在画面中发现了6个异常之处。都有哪些异常之处呢？

■ 职业万花筒 ■

电台主播

文本：樊尚·雅多 绘图：斯特凡妮·拉纳

乔治整天都把耳朵贴在一台收音机上听啊听。他早就想知道，这个讲着一口地道英语的主播是谁。她总是把音乐讲得头头是道，这个人就是瓦莉，法国新闻广播电台最受欢迎的主播。

99 **你小时候梦想从事什么职业？**

瓦莉 我很小的时候就梦想成为演员。

99 **你不想当电台主播吗？**

瓦莉 不想，但我每天都收听电台节目。我10岁的时候拥有了一台半导体收音机。那个时候，放学回家之后我不能看电视，所以我每天晚上都会打开我的收音机。我尤其喜欢听有关摩城唱片旗下乐队的节目。

99 **你这好听的口音是怎么来的？**

瓦莉 我出生在美国的康涅狄格州，我还在纽约和新墨西哥州生活过。

99 **你学过表演专业吗？**

瓦莉 我进入纽约大学后学了电影专业。当时我觉得能认识某个导演，他可能会让我演个角色。

99 **你的愿望实现了吗？**

瓦莉 我的确认识了一位导演，他后来还成了我的丈夫！但我并没有成为演员。

99 **真遗憾！**

瓦莉 没那么遗憾啦。他给我写了一首歌。我们一起去了巴黎。这首歌叫作《爱做什么做什么》。我在双人组合爱之忧伤乐队时演唱了这首歌。这是我最早在法国录制的说唱歌曲之一。

99 **那么电台在其中扮演了什么角色？**

瓦莉 这首歌获得了很大的成功，结果所有的电台都来邀请我们。有一天，有人推荐我去主持一档节目。那是西红柿电台的一档节目。

99 **那后来呢，你去了那个电台吗？**

瓦莉 没有，我继续唱歌，做过DJ，在电视台主持过节目，还演过电影，我可是很专业的电台主播哟！

99 **那现在呢？**

瓦莉 我现在是法国新闻广播电台的制作人和主播。我很喜欢这里的工作！我需要安排所有的事情，比如挑选音乐节目、嘉宾……但这是一个团队工作，所有的决定都由大家一起来做。

99 **在对着麦克风讲话的时候，你是在对某个特定的人讲话吗？**

瓦莉 不一定。但就算没人看得到麦克风后面的我，我也会在节目开始前刷牙、涂口红、穿上好看的衣服，就好像我被邀请去跟听众见面一样！

99 **你会给想从事你这份职业的孩子们提哪些建议呢？**

瓦莉 要听广播，听各种各样的节目，听各种各样的音乐。去参观播音室，比如在巴黎，孩子们可以来电台参加直播节目。

跳舞的英语

绘图：斯特凡妮·拉纳

乔治从不会拒绝跳上一支舞，他很愿意学习新的舞步。现在，他要跟你一起复习一些英语词汇，这样就能练习后面的舞了。

小知识 a. the是定冠词，放在普通名词（单数或复数可数名词、不可数名词）或一些专有名词的前面。

b. a是不定冠词，放在单数可数名词的前面。

c. 动词不定式的一般形式为“to+动词原形”。

1. 人体

- 头部 **the head**
- 头发 **the hair**
- 眼睛 **the eyes**
- 鼻子 **the nose**
- 嘴巴 **the mouth**
- 耳朵 **the ear**
- 脖子 **the neck**
- 肩膀 **the shoulder**
- 胳膊 **the arm**
- 手肘 **the elbow**
- 手腕 **the wrist**
- 手 **the hand**
- 手指 **the finger**
- 臀部 **the hip**
- 大腿 **the thigh**
- 膝盖 **the knee**
- 腿 **the leg**
- 脚踝 **the ankle**
- 脚 **the foot**
- 脚跟 **the heel**
- 脚趾 **the toes**

2. 方位

- 上 **up**
- 下 **down**
- 左 **left**
- 右 **right**

3. 动作

- 移动 **to move**
- 跳舞 **to dance**
- 跳跃 **to jump**
- 旋转 **to turn**
- 触 **to touch**
- 摇摆 **to shake**
- 急伸（腿等） **to throw**

懂了吗？

A. 把下面的动作和与下页图中人物相同动作的序号搭配起来。

a. 抬起右胳膊：______

b. 跳跃：______

c. 触碰地板：______

d. 放下胳膊：______

e. 踢脚跟：______

f. 抬起胳膊：______

g. 触摸膝盖：______

h. 跳跃并旋转：______

i. 抬起左胳膊：______

B. 按照同样的规则，用英语描述乔治刚刚发明的舞步。

a. 摇摆脚趾：______

b. 撩起头发：______

c. 旋转脚踝：______

d. 抬起右手：______

1
KNEE
TOUCH
2
ARMS
DOWN
3
ARMS
UP
4
RIGHT ARM
UP
5
LEFT ARM
UP
6
JUMP
7
FLOOR
TOUCH
8
HEEL
THROW
9
JUMP
and
TURN

■ 科学实验室 ■

瓶子电话

绘图：斯特凡妮 · 拉纳

今天在实验室里，我们要竖起耳朵仔细听！

乔治很想知道为什么有的声音低沉，有的声音尖厉。

材料：

- 5个一模一样的小玻璃瓶
- 1个量杯
- 1个漏斗
- 1支钢笔（或1根细棍）

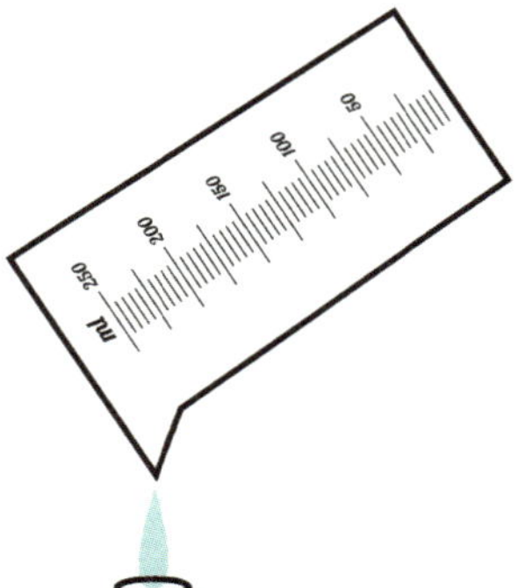

操作说明：

把玻璃瓶排成一行，借助量杯和漏斗把水倒入玻璃瓶（不同玻璃瓶的水量不同）：

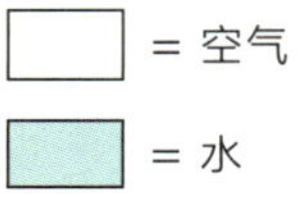

实验A：

在每个玻璃瓶的上方轻轻吹气，让玻璃瓶发出声响。在横线上写下声音最尖厉的玻璃瓶的号码：________

实验B：

现在，用钢笔在每个玻璃瓶上轻轻敲击。这一次，在横线上写下声音最低沉的玻璃瓶的号码：________

实验结果：

在实验A中，5号玻璃瓶发出的声音最尖厉，但奇怪的是，这个玻璃瓶在实验B中发出的声音最低沉。

原因如下：当我们让一种物质产生振动的时候，这种物质就会发出某种声音。这种物质的数量越多，发出的声音就越低沉。相反，物质的数量越少，发出的声音就越尖厉。

• **在实验A中**：振动的物质是你在玻璃瓶上方吹动的**空气**。

5号玻璃瓶中的空气最少，所以发出的声音最尖厉。

• **在实验B中**：在你用钢笔敲击玻璃瓶的时候，**水**就产生了振动。

5号玻璃瓶里的水最多，所以发出的声音最低沉。

乔治在想，那为什么歌手们的声音会各有不同呢？

因为在唱歌的时候，产生振动的是我们的声带。因此，声带越长，声音就越低沉。对下页这个木琴来说也是一样，琴键越长，发出的声音就越低沉。

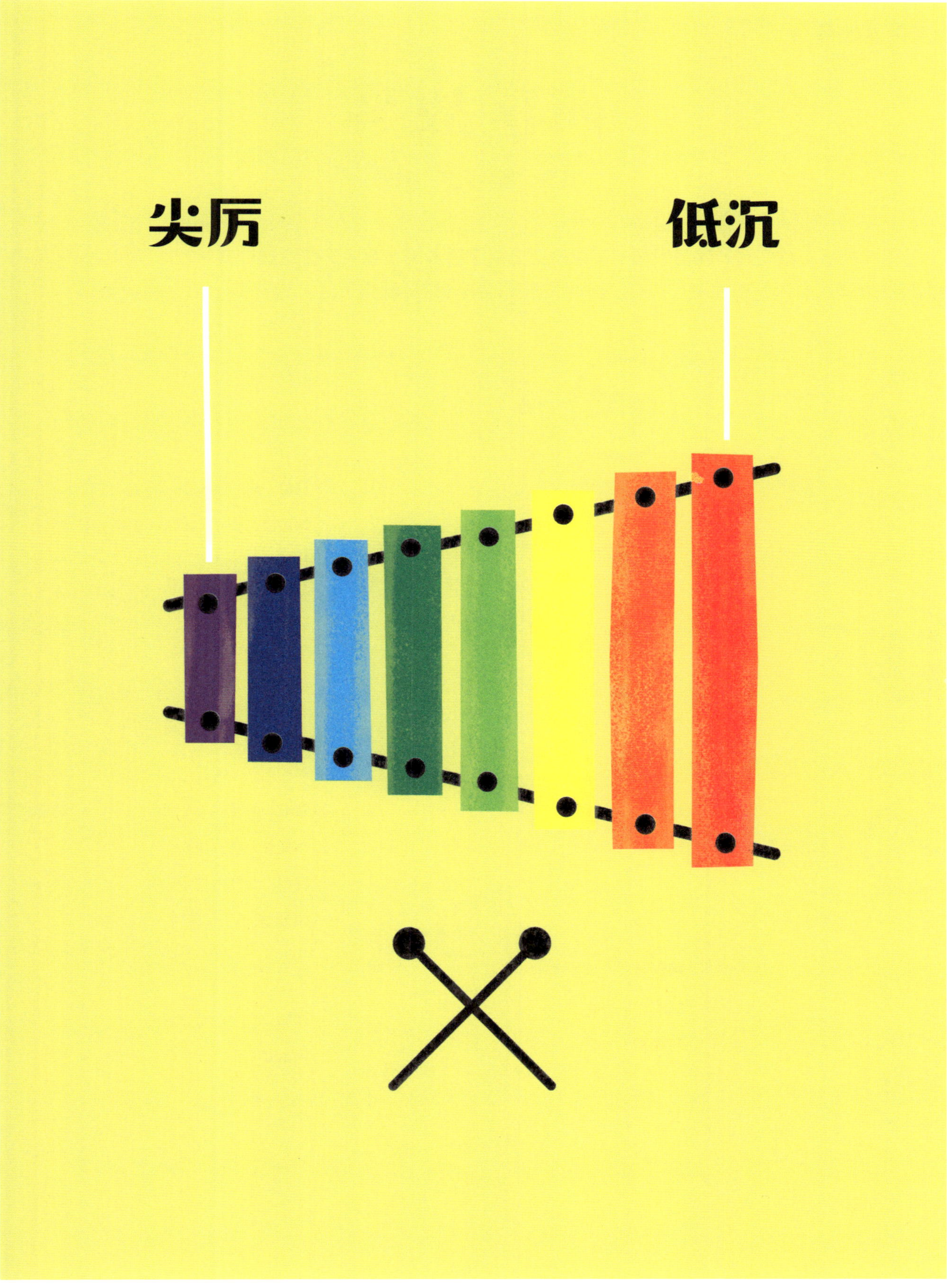
尖厉
低沉

西区故事

绘图：斯特凡妮 · 拉纳

《西区故事》首先是一部音乐剧，在百老汇上演了很多场，至今仍在巡演！之后，这部作品被罗伯特 · 怀斯和杰罗姆 · 罗宾斯改编成了电影。影片《西区故事》同样获得了巨大的成功。

剧情：

纽约的两个帮派鲨鱼帮和火箭帮势不两立。在一次舞会上，托尼（火箭帮前成员）和玛丽亚（鲨鱼帮首领的妹妹）一见钟情……

人物：

- 玛丽亚
- 托尼
- 三个商店的人形模特儿，玛丽亚和托尼把它们扮成自己的父母

服装：

- 玛丽亚穿着黄色裙子
- 托尼穿着长裤和衬衫，再加一件外套
- 商店的人形模特儿穿着晚装裙或西服

开拍！

玛丽亚和托尼在玛丽亚工作的服装店里。玛丽亚要托尼阻止鲨鱼帮和火箭帮在这天晚上的决斗。托尼答应了玛丽亚的要求。然后两人借助人形模特儿模仿起和双方父母会面的场景……

对话：

托尼：今天晚上，我阻止了决斗之后就去找你。

玛丽亚：好的，我在露台上等你。

托尼：不，不要在露台上……我会去你家找你。

玛丽亚：不行！我妈妈在家！

托尼：那我们就去我家！

玛丽亚：那你妈妈呢？

托尼：（抱住一个人形模特儿，就好像那是他妈妈。）她会从厨房里跑出来见你。她总是待在厨房里。

玛丽亚：（评论人形模特儿的裙子。）这么时髦的装扮？

托尼：哦，我跟她说了你要来。她打量着你，忍着笑说："太瘦了，但很漂亮。"

玛丽亚：她可有点胖呢。

托尼：肉嘟嘟的。

玛丽亚：（她也朝着一个人形模特儿走过去，把它当成自己的妈妈。）我和我妈妈很像，骨架很小。（玛丽亚转身朝着另一个身穿男士西服、头戴高顶礼帽的人形模特儿。）哦！我很希望爸爸也在场，妈妈会强迫他问你有什么打算的。

托尼：哦，我有很多打算。

玛丽亚：要是他们问你去不去教堂呢？

托尼：每个星期日都去。

玛丽亚：好的……（她拿起人形模特儿的帽子，就好像它同意了一样。）爸爸会觉得你是个好小伙儿。

托尼：（看向人形模特儿。）我可以牵您女儿的手吗？

玛丽亚：他说可以！（她揪起人形模特儿外套的袖子递给托尼。）

托尼：（握住人形模特儿的手。）谢谢。

玛丽亚：那你妈妈呢？

托尼：我不敢问她……

玛丽亚：（她把托尼推向第一个人形模特儿。）告诉她，她不会多一个女儿，她会摆脱一个儿子！

托尼：嗯……她说好的！

玛丽亚：哦，她的眼光不错！

音响聚会

绘图：斯特凡妮 · 拉纳

在本册书的结尾，乔治想教你制作一台音响设备。

材料：

· 裁纸刀
· 硬纸板
· 黑色的厚纸
· 塑料瓶盖
· 双脚钉
· 彩纸
· 胶水
· 铅笔
· 大盘子
· 水彩笔

制作方法：

黑胶唱机面板

1. 在硬纸板上裁出一个大小约为30厘米 × 50厘米的矩形，**作为唱机面板（A）**。

2. 在黑色纸上放一个大盘子，用铅笔沿着盘边描出轮廓。然后把描出来的大圆盘剪下来。在这个大圆盘的中间粘贴一个彩色小圆盘（直径9厘米）。这就做成了一张**黑胶唱片（B）**。

3. 把唱片放在唱机面板上（参见下页图），请家长帮忙在唱片和下面的硬纸板中间钻一个孔。在这个位置插入一枚双脚钉固定。

4. 制作**唱臂（C）**。在硬纸板上裁出一个20厘米 × 3厘米的矩形。把它放好（参见下页图），请家长帮忙在唱臂的一端和下面的硬纸板上钻一个孔，然后用一枚双脚钉将两者固定。

5. 制作**唱机按钮（D）**。先将塑料瓶盖放在唱机面板上，在你选择的位置沿着塑料瓶盖的边缘描出按钮的轮廓，然后请大人用裁纸刀沿着轮廓线轻轻裁硬纸板，注意不要裁坏。然后将塑料瓶盖涂上颜色，放入裁出的孔中。

6. 制作**滑钮（E）**。请大人用裁纸刀在面板上划开一道长约20厘米的切口（切口位置参见下页图）。用彩纸剪一个3厘米 × 10厘米的矩形，然后进行如下操作：

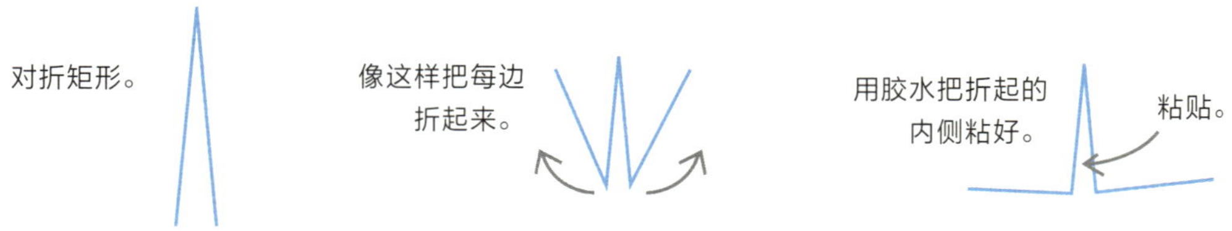

把滑钮放进切口中。在切口的两侧画上小横线。

7. 现在，你可以根据自己的喜好用马克笔、贴画或亮片装饰唱机面板了！

A
D
B
E
C

游戏答案

这就是封面和封底的

7个不同之处：

游戏3 请就座！

A. 海报1：鼓腰上的星星不是黄色的。海报2：左边的音符太小，应同于其他两张小海报中音符的大小。海报3：第二个“流行”中的“行”字颜色不一样。

B. 佐薇、扎迪格、尤内丝和玛丽露。

游戏4 流行热潮

A. a. 2号路。b. 4号路。c. 1号路。

B. 2把雨伞，3把吉他，2把手枪，2件圆点图案的衣服，2只动物，3副太阳镜，1顶皇冠，2个有胡子的人。

游戏5 1，2……1，2，3，4！

排列顺序如下：D，E，H，C，A，F，G，B。

游戏6 1975年和2015年

A. 罗克萨娜是主唱，罗姆瓦尔弹尤克里里，罗贝尔弹吉他，罗米演奏合成器。

B. 应该圈出的元素：哈利 · 波特海报，谷歌搜索引擎，“真是令人大开眼界呀！”系列图书。

C. 罗杰在烤肉，罗克萨娜坐在餐桌旁，罗姆瓦尔拿着一盆沙拉往门外走，罗贝尔手拿一朵郁金香站在罗克萨娜的旁边，罗米拿着一盆植物站在窗边。

D. 鸟窝里的菠萝，烧烤架上的鞋子，戴着太阳镜的狗，罗克萨娜手里的书拿反了，耳朵里插着胡萝卜的小男孩，听音乐的猫。

语言研究所 跳舞的英语

A. a. 抬起右胳膊：4

d. 放下胳膊：2

g. 触摸膝盖：1

b. 跳跃：6

e. 踢脚跟：8

h. 跳跃并旋转：9

c. 触碰地板：7

f . 抬起胳膊：3

i . 抬起左胳膊：5

B. a. 摇摆脚趾：toes shake 或 to shake the toes

b. 撩起头发：hair up

c. 旋转脚踝：ankle turn 或 to turn the ankle

d. 抬起右手：right hand up